图书在版编目（CIP）数据

海洋的秘密 / 知识达人编著 . — 成都：成都地图
出版社 , 2017.1（2022.5 重印）
（大探秘之旅）
ISBN 978-7-5557-0464-5

Ⅰ . ①海… Ⅱ . ①知… Ⅲ . ①海洋－普及读物 Ⅳ .
① P7-49

中国版本图书馆 CIP 核字 (2016) 第 210482 号

大探秘之旅——海洋的秘密

责任编辑： 吴朝香
封面设计： 纸上魔方

出版发行： 成都地图出版社
地　　址： 成都市龙泉驿区建设路 2 号
邮政编码： 610100
电　　话： 028－84884826（营销部）
传　　真： 028－84884820
印　　刷： 三河市人民印务有限公司
（如发现印装质量问题，影响阅读，请与印刷厂商联系调换）

开　　本： 710mm×1000mm　1/16
印　　张： 8　　　　　**字　　数：** 160 千字
版　　次： 2017 年 1 月第 1 版　　**印　　次：** 2022 年 5 月第 5 次印刷
书　　号： ISBN 978-7-5557-0464-5
定　　价： 38.00 元

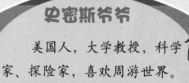

史密斯爷爷

　　美国人，大学教授，科学家、探险家，喜欢周游世界。他风趣幽默，知识渊博，深受孩子们的喜欢与爱戴。

鲁约克

　　十岁的美国男孩，性格质朴憨厚，喜欢美食，但做事时意志力不强。

龙龙

十岁的中国男孩，
聪明机智，活泼好动，
对未知世界充满好奇。

安娜

九岁的美国女孩，
史密斯爷爷的孙女，文
静、胆小，做事认真。

目录

目录

引言

　　这天，龙龙和鲁约克一大早来到史密斯爷爷家，几天前史密斯爷爷答应带他们去海底世界参观。

　　他们到后，发现史密斯爷爷和安娜还没起床。

　　"史密斯爷爷，您不是说'早起的鸟儿有虫吃'吗，怎么也赖床啊？"龙龙太想去探访海底世界，看到他们还没起床很着急。

　　"史密斯爷爷，快起来，快起来！"鲁约克也催促着。

　　听到龙龙和鲁约克的说话声，安娜赶忙起床。

　　叫起史密斯爷爷后，龙龙和鲁约克到客厅等着。

　　"你们来得也太早了吧，现在才6点，急什么啊，难道还怕爷爷不带你们去？"整理好后，安娜也来到客厅。

　　"呵呵，我和鲁约克一直都想去海底世界转转呢，所以有点心急了。"龙龙笑着说。

　　"带你们去没问题，但我要先考考你们。你们知道海水为什么是蓝色的吗？"这时，史密斯爷爷整理好也来到客厅。

　　"事实上，海水像自来水一样是无色透明的。我们看到的蓝色的大海是阳光变的戏法。蓝光的波长较短，太阳光照射到大海上，大部分蓝光遇到海水阻碍被散射或反射，所以，人眼看到的大海是碧蓝碧蓝的。"鲁约克抢着回答道。

"呵呵，答对了。"史密斯爷爷微笑着看着龙龙，然后又问，"那么，为什么海水的味道是咸的呢，谁知道？"

"这个我知道，海水是一种含有多种溶解盐类的水溶液。这种水溶液中水占96.5%左右，其余则主要是不同种类的溶解盐类和矿物，也含有一些来自大气的溶解气体，比如氧、二氧化碳等。世界海洋的平均含盐量在2.5%左右，所以海水是咸的。"这次，是龙龙抢答的。

"呵呵，都过关，"史密斯爷爷笑着说道，"你们了解的海洋知识还不少呢。好吧，我们出发。"

"爷爷，我们今天的目的地是哪儿啊？"安娜问道。

"呵呵，今天我们要去圣地亚哥的海洋世界，它可是世界上最大的海洋主题公园哦，占地面积约有77公顷。"

"史密斯爷爷，77公顷是多大？"鲁约克不解地问。

"呵呵，你知道100个足球场多大吗？"史密斯爷爷问。

"知道，就是一个足球场的100倍。"鲁约克答道。

"呵呵，圣地亚哥的海洋世界就有那么大。"史密斯爷爷说。

"那么大啊，好好奇啊，真想快点看看。"龙龙说。

"100个足球场？真是太好了。"鲁约克高兴地跳了起来。

"真的吗？我最喜欢海洋世界了。"安娜也满心欢喜地说道。

"对。我们今天就开始奇妙的海洋世界之旅。"史密斯爷爷看着眼前三个可爱的孩子，慈祥地说。

"爷爷，咱们赶紧走吧。"听了史密斯爷爷的话，三个激动的孩子不约而同地说道。

第一章
初见海底世界

　　史密斯爷爷、鲁约克、龙龙和安娜一行四人收拾好行李，便登上飞机出发了。

　　"出发喽。"三个孩子兴奋地喊道。

　　在飞机上，史密斯爷爷又开始考孩子们了，他说道："今天早上我只问了两个问题，现在我还有几道题要考考你们。"

"史密斯爷爷，您就问吧。"鲁约克一脸兴奋地说道。

"第一题，为什么地球又有'水球'之称？"史密斯爷爷问道。

"因为咱们生活的地球约有四分之三的地域表面都是被水覆盖着的，所以称地球为'水球'。但海洋大多数在南半球，大陆大多数集中在北半球。"安娜不假思索地回答。

"嗯，安娜回答得非常正确。第二题，地球上的四大洋是哪四个？"史密斯爷爷又接着问。

"我知道，由大到小的排列顺序是太平洋、大西洋、印度洋、北冰洋。"龙龙赶紧抢答了一次。

"很好，看来你们提前做了不少准备嘛，回答得都很好啊。"史密斯爷爷微笑着看着他们说。

经过一番长途跋涉，史密斯爷爷和三个孩子来到了海洋主题公园。

他们走进一条透明的玻璃通道，映入眼帘的是一个碧蓝的世界，有各种大大小小的鱼游来游去。四个人被眼前的景象迷住了。

大鱼面相凶狠，横行霸道；小鱼颜色鲜艳，美丽活泼，它们围着他们转，仿佛在打招呼。还有一些奇形怪状的生物游来游去。最惹人注目的是几条大鲨鱼，这些家伙雄赳赳气昂昂地徘徊在他们周围，仿佛威风凛凛的国王在巡视自己的领地。

不一会儿，四个人的眼睛又被张牙舞爪的章鱼吸引住了。章鱼们

伸展着触角，以十分独特的方式向前爬行着，一条条触须仿佛随风飘舞的柳条一般。

和章鱼比起来，它的近亲乌贼可就没这么老实了，它们像幽灵一样在他们面前漂来漂去，十分不安分。只见两三只乌贼在追逐打闹，互相撕咬着，战斗还很激烈呢。四个人看着乌贼打架的场景，都觉得有点不可思议。

龙龙不解地问："同类不都应该是集体协作的吗？为什么还要打得你死我活呢？"

"乌贼是一种非常凶残的动物，"史密斯爷爷讲解说，"不仅是不同种类的动物存在竞争，同种生物之间的竞争也很惨烈。乌贼经常自相残杀，甚至以同类为食。乌贼的这种独特生存方式，是经历千万年的进化逐渐形成的。"

"噢。"龙龙有所领悟，点了点头。

四个人继续前行，这里看上去有点"风平浪静"，刚才凶猛的

鲨鱼、乌贼都不见了，他们看到了几只巨大的海星正在慢悠悠地蠕动着。那奇特的五角星形状很快就吸引了三个孩子的注意力。这些海星的颜色十分鲜艳，它们全都集中在水族馆里一片开阔的礁石上，在幽蓝海水的映衬下，它们就像天上的星星一样。

"爷爷，给我们讲讲海星吧。"安娜央求道。

"海星是棘皮动物，"史密斯爷爷回答道，接着又问道，"你们数一数海星有多少个触角。"

"史密斯爷爷，我数过了，是5个。"仔细数了一遍后，龙龙回答说。

"恩，海星的触角以5个为多见，它身体呈星形，体表裹着坚硬的骨骼，骨骼长着棘和刺，它就是靠这些棘刺行动和捕食的。海星一般生活在浅海处，因此，你能够在海边找到它。"史密斯爷爷讲解说，"别看海星不起眼，它作为海洋食物链中不可缺少的一个环节，对保持生物群平衡起着非常重要的作用呢。比如在美国西海岸，就生长着一种文棘海星，它捕食的对象就是依附在礁石上的海虹。这样的食物链可避免海虹过量繁殖而侵犯其他生物的领地，起到了保持生物群平衡的作用。"

看过海星，四个人继续往前走，他们看到了海马。海马的样子很奇怪，它的身体很小，尾部蜷曲着，身体半透明。它长着像马一样的头，并因此而得名。但它却丝毫不能和陆地上英俊的马相比，它的体形太小了。不过，它在水中游动的姿态看上去却非常优美，非常可爱。

安娜问："爷爷，听说海马是由爸爸怀孕生出的，这是真的吗？"

"呵呵，海马的幼崽确实是海马爸爸孕育的。不过，却不是海马爸爸生的小海马。"史密斯爷爷讲道，"海马爸爸有腹囊也就是育儿

袋，海马妈妈却没有腹囊，所以在每年5~8月，海马的繁殖期，海马妈妈会把卵产在海马爸爸腹部的育儿袋中。经过50~60天之后，小海马就会从海马爸爸的育儿袋中出生。事实上，海马爸爸的育儿袋起到的只是孵化器的作用，海马爸爸只负责育儿，不是真的由海马爸爸生小孩，卵还是来源于海马妈妈。这可是生物进化过程中的一种独特现象哦。"

"居然有这么奇特的生物。"鲁约克说。

史密斯爷爷说："海洋世界是十分奇妙的，我们会

看到很多以前从未见过的生物。"

安娜感慨地说："海洋面积比陆地大得多呢，肯定也比陆地上的世界更加精彩。"

"是啊，孩子们，我们的海底世界探险之旅已经开始了，相信迷人的海底世界一定能给大家带来无穷的乐趣。"史密斯爷爷说。

听了史密斯爷爷的话，龙龙迫不及待地说："史密斯爷爷，我们继续往前走吧。"

"呵呵，好吧。"史密斯爷爷回答道。

四个人继续前行。

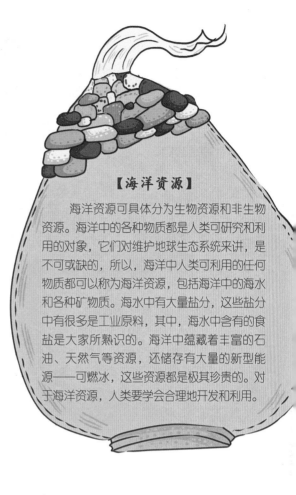

【海洋资源】

海洋资源可具体分为生物资源和非生物资源。海洋中的各种物质都是人类可研究和利用的对象，它们对维护地球生态系统来讲，是不可或缺的，所以，海洋中人类可利用的任何物质都可以称为海洋资源，包括海洋中的海水和各种矿物质。海水中有大量盐分，这些盐分中有很多是工业原料，其中，海水中含有的食盐是大家所熟识的。海洋中蕴藏着丰富的石油、天然气等资源，还储存有大量的新型能源——可燃冰，这些资源都是极其珍贵的。对于海洋资源，人类要学会合理地开发和利用。

第二章
看杀人鲸表演

"孩子们，接下来，我们要去参观一场别开生面的表演。"在前行的路上，史密斯爷爷说。

"表演，还是别开生面的，会是什么呢？"龙龙说着思索起来。

"对啊，会是什么呢？你们猜一猜。"史密斯爷爷的表情很是神秘。

显然，史密斯爷爷的话引起了孩子们极大的好奇，安娜说："海洋动物的表演是多种多样的，像海豚和海狮的表演都很精彩，难道我们要去看这些吗？"

史密斯爷爷笑着摇了摇头。

"难道是企鹅表演？"龙龙试探地问。

"也不是。"史密斯爷爷又摇了摇头。

"哈哈，"龙龙恍然大悟一般，说"你们怎么这么没有想象力啊，其实，水族馆里的那种海豚和海狮的表演与海底世界真实的生物竞争还差得远呢。我觉得啊，我们这次观看的表演肯定是海底世界里

赫赫有名的，也是最具特色的杀人鲸的表演。史密斯爷爷，我说得对不对？"

"哈哈，你了解的还真不少呢，猜对了。鲸鱼馆里的杀人鲸表演可是十分惊险刺激呢。"史密斯爷爷说。

"真的吗？我还真想去看看呢。"鲁约克说。

听说要去看杀人鲸表演，三个孩子都很兴奋，于是不约而同地加快了脚步。

不一会儿，四个人就来到了鲸鱼馆门前。三个孩子都露出兴奋的表情，赶紧走了进去。精彩的杀人鲸演出还没开始呢，映入他们眼帘的只有一排排的座位。

选哪个座位好呢？三个小朋友为了选最佳位置地观看表演，犯起

难来。

安娜说："我想，杀人鲸表演一定非常恐怖，我还是坐在后面好了。"

"你怎么那么胆小啊，"龙龙接话说道，"坐在前面才能看得更清楚嘛，这样才真正不虚此行呢。"

"对呀，我也一直想看看杀人鲸是什么样的呢。"鲁约克说。

"爷爷，你坐哪里呢？"安娜问。

面对安娜的提问，史密斯爷爷并没有正面回答，而是微笑着说："看杀人鲸表演选座位是很有讲究的，座位的前五排是'受洗区'，意思是，坐在这里的观众可享受到清凉的海水浴。"

"那我还是坐在前面吧！"安娜说，于是四个人就在前面坐了下来。

过了一会儿，杀人鲸就出场了。所有的观众都瞪大了眼睛，安娜、龙龙和鲁约克更是眼睛眨都不眨一下。杀人鲸是有点憨厚的动物，一出来，就用鳍轻拍水面。这个看上去漫不经心的动作，由一个庞然大物做出来，就产生了惊人的威力。

　　杀人鲸拍出水使观众席前五排的观众全身都被淋湿了。不过，这才只是刚开始呢。拍过水后，它又来了一次腾空翻转。这一动作，给所有观众极大的视觉震撼：它庞大的躯体翻转过来，就像是一座大山在面前被掀翻了一样。也在转身的同时，容积将近30000立方米的池子瞬间掀起惊涛骇浪，溅出的水不但浇透了前排的观众，连后排的观众也没能幸免。

虎鲸
牙齿特
性情

杀人鲸的表演让三个孩子感到意犹未尽，他们还沉浸在刚才惊险刺激的表演中。这时，史密斯爷爷问："'杀人鲸'只是人们对它的一种称呼，你们知道眼前这家伙的学名吗？"

　　"我知道，我知道，是虎鲸。"安娜抢答说。

　　"虎鲸，那是什么物种？是不是长得像老虎啊，史密斯爷爷？"听了安娜的话，鲁约克问。

　　"说它是虎鲸呢，只是用虎来比喻它的凶猛而已，并不是说它们长得就像老虎。"史密斯爷爷笑着回答说。

　　"我来给你们讲一下，"史密斯爷爷讲解说，"虎鲸呢，是一种大型的齿鲸。它身长8~10米，体重达好几千千克呢。"

　　"孩子们，你们刚刚都看过杀人鲸的样子，有谁能给我描述一下呢？"史密斯爷爷问。

　　"嗯。背部是黑色的，肚子是灰白色的。"鲁约克第一个回答说。

　　"我用望远镜看到，它的嘴巴又细又长。"龙龙也作了回答。

　　"我在书上看到，说它牙齿特别锋利，性情凶猛，是食肉动物，善于进攻，是企鹅、海豹等的天敌。"安娜回答说。

　　"呵呵，都很对，我再补充一下，"史密斯爷爷讲道，"虎鲸是群体生活的，它们每两头或更多组成一个群体，一般集体协作活动。虎鲸有时还以其他鲸类为攻击对象，甚至还攻击可怕的大白鲨，它可称得上是海上的霸王。"

　　"爷爷，那它叫杀人鲸，是不是也会吃人呢？"鲁约克心想，要是它要吃人，他们就应该赶紧跑开。

　　"它通常不会攻击人类，除非人类打扰了它。"史密斯爷爷讲道，"曾经有一部电影《杀人鲸》，讲述的是渔夫杀死了一只怀孕的

群体生活
集体协作活动

雌虎鲸，雄虎鲸进行复仇的故事。电影告诉我们要善待大自然中的每一个物种，动物和人类一样有在地球上生活的权利，也有感情。"

"知道了，爷爷，我们会保护动物的。"三个孩子异口同声地回答。

"孩子们，你们想不想去海上看一看杀人鲸？"史密斯爷爷问。

"想。"三个孩子异口同声地回答。

不一会儿，孩子们就坐上了一艘小船，在史密斯爷爷的带领下来到了一望无际的海上。

他们在海上转了很久，但连鲸鱼的影子也没看到。

鲁约克好奇地说："到现在也没有看到杀人鲸呢，不知道杀人鲸长得什么样？是不是真的吃人啊？"

"再找找看。"龙龙坚定地说，"我们绝不能半途而废。"

"不过，这里风平浪静的，好像真的看不出有鲸鱼活动的痕迹呢。"安娜说。

就在这时，在离小船几十米的地方忽然掀起一股巨浪，小船仿佛都震颤了，四个人感到既害怕又吃惊。

"怎么了，发生了什么事？"鲁约克问。

"风平浪静的，突然掀起这么大的浪真是一件奇怪的事情，"安娜说，"据我所知，海面上出现巨浪都是恶劣天气来临的预兆。"

史密斯爷爷开口说话了："孩子们，你们难道忘了刚才杀人鲸表演时掀起的巨浪吗？"

"啊，难道前方就有杀人鲸？"龙龙恍然大悟，说，"怪不得平白无故地出现巨浪呢，原来是杀人鲸搞的鬼。"

"那我们赶紧去看看吧。"鲁约克迫不及待地说。

史密斯爷爷加足了马力，小船奋力向前驶进。

距离大浪越来越近，一个巨大的身影突然出现在四个人的眼前。果然是一条巨大的杀人鲸，四个人都感到很兴奋。他们发现，和巨大的杀人鲸鱼比起来，自己身处的这条小船根本微不足道，杀人鲸庞大的身躯就好像高墙一样横亘在他们面前。这堵巨大的墙在滚滚的波涛中不断翻滚着，一点一点地往前移动。

眼前这种景象使他们目瞪口呆。他们全都被震住了，过了好一会儿才发觉乘坐的小船正在剧烈地摇晃，很显然是被杀人鲸掀起的浪花所波及。四个人意识到，他们已经处在危险的边缘，如果再靠近的话，杀人鲸便会将小船掀翻。于是史密斯爷爷赶紧调转船头，小船开始驶离杀人鲸。

"哇，"在回去的路上，鲁约克忍不住感慨道，"观看杀人鲸真是太刺激了，比在水族馆中观看惊险多了，身临其境的感觉真是大不一样。"

　　"是啊，一句话，震撼。"龙龙感慨道。

　　"嗯，我虽然有点儿害怕，但是还是很想观看。"安娜说。

　　"呵呵，好戏还在后头呢，孩子们，我们明天继续吧。"史密斯爷爷说道。

第三章
参观企鹅邂逅馆

第二天，史密斯爷爷又带着三个孩子来到海洋馆。

"史密斯爷爷，"龙龙率先问，"我们不是要进行海底世界探险吗，为什么只是去参观海洋馆呢，直接去海上不是更好吗？"

"对呀，"鲁约克也说，"直接去海中，身临其境，岂不更

好。"

　　"我想，如果真的去海上，也太累了，还是参观海洋馆好，毕竟不用太劳累就可以看到海洋中的生物了。"安娜说。

　　"安娜说得很有道理，"史密斯爷爷说，"海洋世界是十分辽阔的，地球约四分之三的面积都被海洋覆盖，每一处海域都有独特的动物，如果走遍世界海域去了解它们，既费时又费力，还是到海洋馆参观更方便一些。"

　　"好吧，但是，史密斯爷爷，我们今天去看哪种海洋动物呢？"龙龙问。

　　"给你们一个提示，你们想一想，地球上离我们最遥远的海域，那里生活的会是什么动物呢？"史密斯爷爷问。

　　"离我们最遥远的海域……"龙龙喃喃说道。

　　"今天我们要去看的动物，是一种十分绅士的动物。又给了你们一个提示，开动脑筋，好好猜猜吧。"史密斯爷爷说。

　　"是海狮吗？"安娜猜测道。

　　"不对。"史密斯爷爷回答说。

　　"是海豚吗？"鲁约克问。

　　"来自最遥远海域的动物……"龙龙显然还在冥思苦想。

　　过了一会儿后，龙龙突然问道："史密斯爷爷，难道这种动物来自南极？"

　　"哈哈，没错，它正是来自南极。"史密斯爷爷回答道。

"在南极的动物……"龙龙又陷入深思。

最后,三个孩子异口同声地回答道:"是企鹅。"

看到孩子们猜到了答案,史密斯爷爷微笑着点了点头。

"可是,企鹅为什么最绅士呢?"鲁约克挠着头,表示不明白。

"因为企鹅穿了燕尾服啊。呵呵,我们还是赶快去看看吧。"史密斯爷爷说。

很快,四个人就来到企鹅馆,兴冲冲地走了进去。在企鹅展馆里,三个孩子顺着史密斯爷爷手指的方向看去,眼前的一幕让他们都惊呆了。玻璃外面的企鹅房里飘着雪花,白雪皑皑的世界简直和南极一模一样,还有微缩的冰山和雪原。虽然他们所在的观赏区的气温有20℃左右,但看到企鹅房里冰天雪地的景象,四个人似乎感觉有股呼呼的北风刮了过来让人身体发冷。

"你们感觉到有股冷风了吗？"安娜问。

"嗯，感觉到了。"龙龙和鲁约克都点点头。

"你们说，人造这股冷风干什么啊？我觉得只要有冰天雪地就可以了。"鲁约克说。

"可是，没有这股冷风，就不能模拟出南极独特的地理环境来呀。"安娜说。

"对，"龙龙赞同地说，"南极处在极地高压带，那里常常刮飓风，很难想象，企鹅在那样恶劣的条件下是怎么生存的。"

"虽然南极自然条件恶劣，但企鹅们还是生活得很愉快呢，你看这些企鹅。"鲁约克说。

　　于是，四个人开始观察企鹅。他们看到众多大小的企鹅在雪中悠闲地散步，完全把这里当成了自己的家。这些优雅的"绅士"们尽管游泳在行，却不擅长行走，走起路来姿态非常滑稽。只见它们走起路来摇摇摆摆，憨劲十足，显得特别可爱。孩子们显然对憨态可掬的企鹅非常感兴趣，眼睛都不眨地盯着看。

　　"好了，咱们进去后再接着欣赏吧。" 史密斯爷爷看着三个孩子着迷的神情，忍不住提醒到。

　　随后，三个人就跟着史密斯爷爷踏上了一米多宽的自动代步机，代步机的后排还设有座椅，是给观赏的人休息用的，这样既方便了他们摄影又可以让他们更好地观看企鹅。

　　随着代步机缓缓地驶入，可以清楚地看到企鹅的各种姿态。这时，他们又看到了几只刚刚孵化出来不久的小企鹅，外貌和动作显得十分有

趣。小企鹅们很快就成了这里的明星，吸引了所有游客的注意力。三个小伙伴也借着这个机会，仔细地观察着小企鹅的一举一动，既满足了他们的好奇心，又增加了他们对企鹅的了解。

　　小企鹅脚掌着地，行动笨拙，靠着翅膀和尾巴维持身体的平衡。它们拍打着翅膀互相追逐着，有的小企鹅还聚在一起，就像好朋友一样；有的从冰山上迅速腾空跳下，跃入水中，潜入了水底。

　　"真是一群可爱的小家伙。"鲁约克忍不住说道。

　　"是啊，看那些小企鹅多么活跃呀。"安娜也说道。

　　"看你们那么喜欢企鹅，我给你们讲一下企鹅的习性吧。"史密斯爷爷笑着说。

企鹅海洋鸟类
一生一半在海泳
一半在陆地

"好啊。"三个孩子兴奋地答应道。

"企鹅属于海洋鸟类，一生一半时间生活在海洋里，一半时间生活在陆地上。它们不会飞，但游泳技术特别好，是游泳健将呢。企鹅游泳的速度特别快。"史密斯爷爷说。

"高超的游泳技术能够保证企鹅快速地捕猎，只有这样，它们才能在南极冰天雪地的恶劣条件下生存下来。"

"而且它们的跳水技术也是一流的，它能跳出两米多高呢。"安娜说。

"企鹅生活在那么寒冷的地方，它们是怎么保暖的啊？"鲁约克好奇地问。

"呵呵，鲁约克又提了一个好问题，"史密斯爷爷说，"企鹅的羽毛短且厚，像鳞片一样，它们均匀地分布在企鹅的体表。羽毛间

存留一层空气，是用来保温的。皮下有厚厚的脂肪层。这个脂肪层有两个作用，一是储备能量。南极的条件恶劣，因此企鹅有时会很长时间都捕获不到食物，这时，脂肪层就将储备的能量贡献出来；二是保暖，脂肪层同时还是很好的隔热层，它为企鹅保证体温。"

"企鹅的身体结构还有大学问呢。"鲁约克说道。

"我们冷的时候，就会吃很多的东西，那么企鹅们住在那么冷的环境里，吃的东西应该也特别多吧，史密斯爷爷？"龙龙好奇地问道。

"嗯，那当然了。企鹅的胃口是很好的，一般一只成年的企鹅一天要吃约750克的食物，它通常以海洋浮游动物为食，比如南极磷虾，有时也吃一些乌贼和小鱼。"史密斯爷爷说，"而且企鹅是一种集群性动物，喜欢群栖。因为这样，在南极大陆的冰山上，人们就可以看到几百只，甚至几万只的企鹅聚在一起。它们时常排成整齐的队伍，像在迎接客人似的，憨厚的样子可爱极了。而且，它们一点儿都不怕人，有人看它们，它们也是若无其事的。"

不知不觉中，时间已经过去了很久。随着代步机的缓缓移动，四个人也已经到了出口。

离开企鹅馆，他们怀着愉快的心情回到家，期待着明天有新发现。

【南极】

　　地球上最寒冷的地方，位于地球最南端，常年覆盖着冰雪。由于南极孤零零地待在地球的最南端，接收到的太阳光照射少，所以非常寒冷。南极的地理环境非常独特，有厚达几千米的冰雪层，周围的海洋中到处是高大的冰山。此外，南极储存着地球上绝大部分的淡水。南极的风很大，常年刮12级大风。尽管南极的气候条件非常恶劣，但仍有企鹅等动物能在那里生存，而且，南极厚厚的冰层下蕴藏着丰富的生物资源，南极冰层下的鱼类很多，这也是企鹅能在南极生存下来的原因。

第四章

鲨鱼遭遇馆的探秘

　　一大早,龙龙和鲁约克迫不及待地跑到史密斯爷爷的房间门口，等待出发。安娜和史密斯爷爷见到他们，赶忙收拾好行李。在清晨明媚的阳光照耀下，他们开始了新一天的旅程。走在路上，四个人都特别

高兴，一路走着，一路聊着天。

"今天我们要去的是鲨鱼遭遇馆，你们要做好准备哦。"史密斯爷爷笑着说道。

"爷爷，鲨鱼恐怖吗？我有点害怕啊。"安娜听见史密斯爷爷的话，马上慌了神，忐忑不安地说。

"你看过就知道了，呵呵。"史密斯爷爷微笑着回答。

"史密斯爷爷，鲨鱼是一种鱼吗？"鲁约克问。

"你好傻啊，鲨鱼当然是鱼了，要不怎么叫鲨鱼呢。"龙龙嘲笑道。

"原来，鲨鱼跟海豚不一样呀，我还以为它也是哺乳动物呢。可是，鱼都是有鳞片的呀，我在电视上看到过鲨鱼，它好像没有吧？"

鲁约克若有所思地说道。

"这个……你问史密斯爷爷吧。"回答不上鲁约克的问题，龙龙把问题抛给了史密斯爷爷。

"呵呵，"史密斯爷爷笑着说，"鲨鱼是一种鱼，有鳍和鳃，而且也有鳞片，只不过它的鳞片特别细，逆着摸像沙子一般，所以鲨鱼最早又叫'沙鱼'。"

史密斯爷爷的一番话勾起了他们的好奇心，他们都想看一看真实的鲨鱼是什么样子。尤其是鲁约克，他想近距离地观察一下鲨鱼的鳞

片。于是，大家都加快了脚步。不一会儿，"鲨鱼邂逅馆"几个大字出现在眼前，四个人十分兴奋。

他们兴致勃勃地走了进去，里面的一切让他们感到兴奋不已，左看看，右看看，不知该从哪里开始参观。这时，一位美丽的大姐姐出现在他们面前，她用甜美的声音说："你们好，我是这里的导游，叫戴安娜，愿意让我带你们一起去参观鲨鱼馆吗？"

"愿意。"三个小朋友异口同声地回答。

戴安娜便引导着他们前行，一边走一边说道："现在，我们要去看鲨鱼了。不要太紧张，鲨鱼是一种值得大家了解的海洋动物。你们一边看，我一边给你们讲解。

"鲨鱼是板鳃类鱼的通称，它是一类古老的鱼种，在侏罗纪时代，也就是恐龙繁盛的时代，就有鲨鱼了。

"鲨鱼身体表面有盾鳞，鳃裂有5～7个。不同种类鲨鱼的食物也不同，有的吃大型动物，可以吞下海豹、海龟；有的只吃浮游生物。大型鲨鱼体长20多米，小的只有10多厘米。鲨鱼的种类约有5个目20个科，分布在世界各地温带和热带的海洋。除了极少数的鲨鱼，如格陵兰鲨鱼之外，几乎没有在寒带生存的，因为通常情况下，水温低于

5个目20个科
分布在温带 热带
水温低于20摄氏度

20℃时，鲨鱼就不太有活力了。就像我们人类一样，鲨鱼也是懂得享受生活的哦。"

戴安娜姐姐的介绍让三个孩子大开眼界。他们一边听讲解，一边观察着四周的鲨鱼，对这些凶猛的大家伙有了更进一步的了解。

就在三个孩子看得入迷时，身后传来戴安娜姐姐的声音："看后面。"

听到喊声，三个孩子赶忙回头看。不看不要紧，这一看，三个孩子都吃了一惊。

原来，在他们身后的玻璃箱里，两条鲨鱼正朝他们的方向游过来。

三个孩子看到，面目狰狞的鲨鱼正张着血盆大口，露出狰狞的牙齿，摇着尾巴，气势汹汹地向他们冲过来，那架势仿佛要来吃掉他们一样。三个孩子顿时吓得目瞪口呆。只见这些大家伙不断在他们身边

10 cm

20 m

徘徊，并露出了一副不满意的神情，仿佛在责怪他们擅闯了自己的领地。过了很久，鲨鱼们仿佛明白了有一道厚厚的玻璃墙隔在它和人之间，才悻悻而去。尽管鲨鱼已经离开了，但第一次看见这种景象的安娜、龙龙和鲁约克依然感到害怕，过了好一会儿才回过神来。

"孩子们，你们害怕吗？"史密斯爷爷问。

"嗯嗯。"他们使劲地点了点头。

"呵呵，爷爷刚才也吓了一跳呢，真惊险啊。你们还好吧？"史密斯爷爷担心地问道。

"还好，"龙龙说，"不过，能目睹鲨鱼的动作和行为，还是值得的。"

"看来鲨鱼真是名不虚传呀，"安娜说，"正是依靠有这样敏捷的身手和极快的速度，鲨鱼们才能自由自在地在海底称霸。"

"史密斯爷爷，鲨鱼的牙齿好恐怖啊，刚才吓死我了。它有多少颗牙啊？"鲁约克这时才敢出声。

"呵呵，数目可是非常惊人的，"史密斯爷爷说，"鲨鱼的一生要更换上万颗牙齿。由于捕猎，鲨鱼锋利的牙齿很容易磨损、脱落，因此，它的牙齿会不停地更换。"

"看来鲨鱼也有牙病呀，"鲁约克说，"这是因为鲨鱼特别能吃吧？要不它的牙齿怎么会经常坏呢，就跟我一样。"

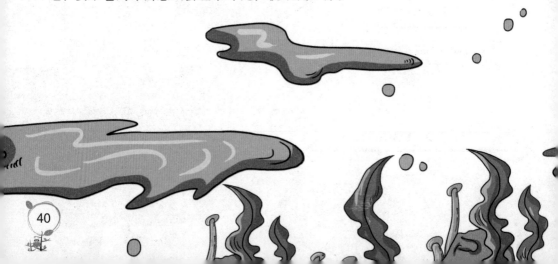

鲁约克的话引得所有的人都哈哈大笑起来。

"牙齿是鲨鱼最重要的武器，鲨鱼的牙齿需要的不仅仅是更换吧？"龙龙问。

"当然不止了，"史密斯爷爷说，"与其他动物的相比，鲨鱼的牙齿有明显不同，它不像其他动物那样只有一排牙齿，而是有5~6排

呢。前排的牙齿因为进食脱落后，后方的牙齿就会补上来。而且，换上来的新牙齿会更大、更耐用。像角鲨和棘角鲨等鲨鱼，还会整排地更换牙齿。同时，由于牙齿是锯齿状的，所以鲨鱼不但能紧紧咬住猎物，也能有效地将它们锯碎。"

"太不可思议了！"孩子们惊呼道。

"鲨鱼的牙齿就像一把把锋利的刀子啊，它可真算得上是真正的冷血杀手。"安娜感慨道。

"嗯，一条鲨鱼在10年内换牙齿的数量达到两万余颗。它的牙齿不仅强劲有力，而且锋利无比。有些鲨鱼的牙齿利如剃刀，它用它们切割食物；有的牙齿呈锯齿状，用来撕扯食物；还有的牙齿呈扁平臼状，它们的作用就是压碎食物的外壳和骨头等。生活在北美洲的印第

齿状　撕扯食物　扁平状

压碎食物外壳和骨头

安人还把鲨鱼的牙齿当作刮胡子的工具呢。"戴安娜姐姐补充道。

　　戴安娜姐姐的介绍使三个小朋友对鲨鱼的牙齿产生了浓厚的兴趣，他们一边往前走一边仔细地观察着，希望再次看到张大嘴的鲨鱼。

　　听着爷爷和戴安娜姐姐的介绍，他们不知不觉走出了鲨鱼邂逅馆，朝着下一个景点走去。

第五章

美丽的水母

参观完可怕的鲨鱼馆之后，在史密斯爷爷的带领下，三个孩子坐上游览车，前往水母馆。

史密斯爷爷感到十分惬意。但三个小朋友看上去个个面有惧色，

心事重重。对此，史密斯爷爷感到很奇怪，于是询问道："你们都怎么了，不好玩吗？"

"不是的，"龙龙回答道，"我们被刚才看到的鲨鱼吓到了。"

"令人毛骨悚然的海洋世界，真可怕。"安娜说。

"并不是这样，"史密斯爷爷安慰他们说，"海底也有很多温和美丽的动物，像鲨鱼那样恐怖危险的动物并不多。接着，我就要带你们去看一种十分美丽、温和的生物。"

说着，史密斯爷爷指着不远处的一块宣传板上的图片说："你们看，那是什么？"

三个孩子顺着史密斯爷爷手指的方向看了过去，图片里的美丽生物使他们眼前一亮。

"水母。"三个孩子欢呼道。

"我倒是听说过水母，"龙龙说，"但我从来没有见过它。既然叫水母，是不是因为它全身都是水啊？"

"嗯，水母的身体有95％以上都是水，余下的是蛋白质和脂肪。所以水母的身体呈透明状，非常好看。而且它们运动时，是利用体内喷水反射前进的，就好似一顶圆伞在水中漂游。"史密斯爷爷讲道。

"哈哈，一定很有趣，"安娜说，"看它们的样子多美妙。"

"咱们进去吧，孩子们，里面还有很多更好看的呢。"史密斯爷爷说。

于是，三个孩子兴致勃勃地走了进去，眼前的景色让他们满心欢喜。他们发现，一只只晶莹剔透的水母就像珠宝饰品，闪闪发光。他们一边看一边往前走，又忍不住回头再看一看后面的那只水母。

房间里的光线很暗，使水母看上去就像一盏盏亮晶晶的水晶灯。奇妙的是，这些"水晶灯"不停地在他们的眼前飘来飘去，看上去又像是被风吹起来的灯笼一样。

"史密斯爷爷，"鲁约克突然问道，"水母的嘴在哪，它怎么吃饭啊？"

"水母的进食方式和其他生物明显不同，"史密斯爷爷说，"它

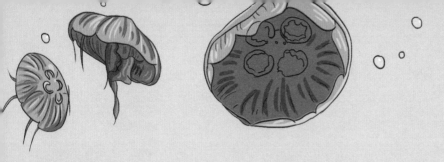

的'嘴巴'位于口腕的基部，直接通到胃里。除了摄入食物外，'嘴巴'还具有排泄功能。"

好奇的龙龙又发问了："史密斯爷爷，水母是吃植物还是吃动物啊？"

"水母是一种低等的海生无脊椎浮游动物，它属于肉食性动物。"史密斯爷爷回答说。

"那水母怎么保护自己呢？它看起来好柔弱啊，它会不会受欺负呢，爷爷？"鲁约克问道。

显然，他们对眼前的水母产生了浓厚的兴趣。

"水母的伞部有六个感觉器官，"史密斯爷爷讲道，"一旦有物体接近，它就会快速逃走。而且在水母翼的边缘还长着许多细小的触手，触手的前端长有刺胞，它可以利用刺胞捕捉浮游生物或敌人。当水母在海水中游动的时候，长长的触手就

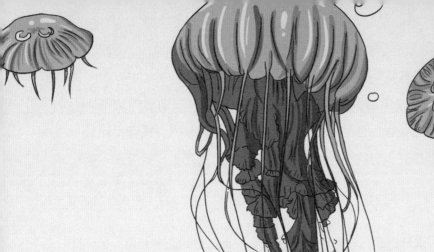

会向四周伸展开来。这使这些色彩各异的精灵在蓝色的海洋中看起来更加漂亮。"

史密斯爷爷的话音刚落，龙龙便好奇地问道："史密斯爷爷，这些水母的形状怎么不一样呀？"

"呵呵，没错，水母的伞状形态各不相同。比如，银水母的伞状体能发出银光，帆水母的伞状体像船帆一样，雨伞水母的伞状体就像雨伞。"

"哇，这些水母真的是太可爱了。"安娜高兴地说。

"水母看起来美丽温顺，实际上十分凶猛。那些细长的触手不仅是水母的消化器官，也是它的武器。触手上的刺细胞，就像毒丝一样，可以射出毒液。猎物被扎后，因为麻痹会迅速死亡。然后水母就用触手将猎物抓住，再用伞状体下面的息肉吸住猎物，将猎物体内的蛋白质分解。"

"哎呀，水母这么厉害呢。"一直没有说话的鲁约克开口道。

"夏天在海边游泳时，有时会突然感到一阵刺痛，犹如被皮鞭抽打一样，这没准就是被水母扎了呢。不过，被水母刺到，只会感到炙痛，并伴随红肿现象，只要涂抹消炎药或食用醋，过几天就能消肿。"史密斯爷爷语气温和地说。

涂抹消炎

"好了，观看完水母，爷爷再给你们讲讲与水母有关的几项发明，"史密斯爷爷饶有兴致地说着，"这些发明特别有意思，而且都很环保。美国惊奇水母公司利用自然死亡的水母尸体和树脂发明了可在夜间发光的灯具，现已投入市场。这款水母灯具的制作过程事实上是比较简单的。人们先把自然死亡的水母尸体用液态氮进行冷冻，之后再把它放入制作成卵形的透明树脂中，再进行全封闭加工。这里，问你们一下，你们知道使用透明树脂的目的吗？"

"透明树脂？"龙龙想了想，说："不知道。"

安娜和鲁约克也摇摇头。

"使用透明树脂的目的是防止尸体腐烂，并使封存其中的水母能够继续发光。而且凝固的透明树脂相当坚硬，抗摔抗震，也很实用

呢。"史密斯爷爷讲解道。

三个孩子听得着迷。

鲁约克问："史密斯爷爷，那这种灯不用电吗？"

"对，不用电也是这款灯的特点，"史密斯爷爷讲道，"水母的体内含有一种特殊蛋白质，能够吸收自然光，并在黑暗环境中发出蓝光，即使水母死后，这种物质也仍然存在。水母尸体会在白天吸收光波，然后在夜间释放出来。所以，这款灯无电也能发光。根据水母品种的不同，灯的颜色也会不同，较为普遍的是蓝色和黄色水母灯。这种灯具造价还很便宜呢。"

"哇，那一定会很漂亮，如果买一个放在卧室里，每天看着漂亮的水母灯睡觉……"安娜沉浸在水母灯的梦幻世界里。

从水母馆里出来，爷爷带他们前往下一个参观点——海蛇馆。

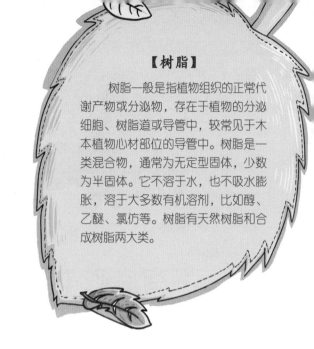

【树脂】

树脂一般是指植物组织的正常代谢产物或分泌物，存在于植物的分泌细胞、树脂道或导管中，较常见于木本植物心材部位的导管中。树脂是一类混合物，通常为无定型固体，少数为半固体。它不溶于水，也不吸水膨胀，溶于大多数有机溶剂，比如醇、乙醚、氯仿等。树脂有天然树脂和合成树脂两大类。

第六章

"海底彩带"——海蛇

听说要去看海蛇，安娜就在心里打起了退堂鼓。

"爷爷，我……我……我害怕蛇，我……我……不想去……"安娜支支吾吾地说。

"不要害怕，海蛇是很漂亮的，它享有'海底彩带'的美誉

呢。"龙龙笑着安慰道。

"对呀，"鲁约克也说道，"你不是很喜欢漂亮的彩带吗？海蛇的样子就像彩带，相信你一定会喜欢的。"

"真的吗？"两个人的鼓动使得安娜开始动摇了。

"史密斯爷爷，您就给我们介绍一下海蛇吧。"鲁约克说。

"孩子们，百闻不如一见，进去看一看就知道了。"史密斯爷爷说。

于是，四个人走进海蛇馆。

刚走进海蛇馆，龙龙和鲁约克就被一条条"海底彩带"深深地吸引住了。只见色彩鲜艳的海蛇在水里不停地扭动、旋转，看上去还真像在风中漫天飘舞的彩带。

海蛇身上的色彩十分丰富，鲜艳瑰丽，光泽动人，恐怕就连最富

有天赋的画家也调不出这样的色彩。

虽然龙龙和鲁约克已经欣赏得如痴如醉，但胆小的安娜还是用手捂着眼睛不敢看。见到这样的情景，史密斯爷爷劝导说："别怕，孩子，有爷爷保护你呢。"安娜才慢慢把手放下来睁开眼睛。当她看到颜色各异的"彩带"后，才慢慢感觉不再害怕了。

"真是太美了！"安娜惊呼道，"想不到世界上最危险的动物同时也是世界上最漂亮的动物呢，大自然真是奇妙呀。"

"怎么样，安娜，不害怕了吧？在中国，海蛇主要分布在辽宁、江苏、浙江、福建、广东、广西和台湾近海。在海里，海蛇是很常见的，我们要进行海底世界探险，如果连海蛇都害怕的话，那就去不成咯。"龙龙说道。

"嗯，"安娜点了点头，"看来，对待任何事情都不能只看一面，我差一点就错过了接触这种奇特生物的机会呢。"

"海蛇这么漂亮，色彩这么丰富，它有多少种类啊？"好奇心重的龙龙问。

　　"世界上已知的海蛇大约有50多种，而中国沿海则有20多种，主要分布在广东、福建沿海地带。在印度洋海岸中有一种最古老的海蛇叫锉蛇，是海蛇中的大个儿，能潜伏水中长达5个小时，是很珍贵的物种。"史密斯爷爷回答说。

　　"我还有一个问题，"龙龙说道，"海蛇的生活习性是什么样的？我对这一点也比较好奇。"

　　"海蛇和人的关系还是十分密切的，"史密斯爷爷讲道，"一

般说来，渔民经常捕鱼的地方，海蛇也经常在那里捕食。所以，沿海的渔民经常见到它。通常海蛇比较喜欢待在沙底或者泥底的浑水中，但也有一部分海蛇生活在珊瑚礁周围的清水中。不同的海蛇潜水的深度和时间都不一样，大多数的海蛇会潜入水深四五十米的地方，在水深超过100米的开阔海域很少能看到海蛇的身影。刚才我说的能潜水5个小时的锉蛇，属于深水海蛇，这类海蛇在水面上停留的时间也比较长，特别是在傍晚和夜间，停留的时间更长。只能潜水30分钟左右的属于浅水海蛇，这类海蛇在水面停留的时间比较短，稍作停留就快速地潜入水中。海蛇一般群居生活，经常是成百上千地在一起顺水漂流。另外，海蛇还具有趋光性，因此渔民利用这一特点去诱捕海蛇，

往往收获颇丰。"

史密斯爷爷的介绍使得三个孩子受益匪浅，于是他们兴致高涨，纷纷开始仔细观察海蛇。

"海蛇那么小，它吃些什么呢？"鲁约克比较关心吃的问题。

"海蛇对食物是有选择的，大部分海蛇的摄食习性跟它们的体形是有很大关系的，"史密斯爷爷讲道，"一些海蛇身体长得又粗又大，不过脖子却又细又长，头也小小的，它们几乎全是以掘穴鳗为食。还有的海蛇是以鱼卵为食，它们的牙齿小且少，有不大的毒牙和毒腺。还有些海蛇以身上长有毒刺的鱼为食，比如，在菲律宾的北萨扬海就有这类海蛇，它专以鳗尾鲶为食。除了鱼类以外，较大的生物也有可能成为海蛇的袭击对象。"

"史密斯爷爷，那是不是就没有生物敢欺负海蛇了啊？"鲁约克问。

"嗯，在海洋中几乎没有生物敢招惹海蛇。海蛇的毒液是最强的动物毒之一。比如钩嘴海蛇，它的毒液毒性相当于眼镜蛇的两倍呢，鱼类一旦被它咬到，就会立即毙命。"史密斯爷爷回答说。

"真是太可怕了。"安娜说。

史密斯爷爷接着说道："海蛇毒液的成分跟眼镜蛇的神经毒类似，大家都知道眼镜蛇是世界上有名的带毒的动物，是'毒蛇之王'，但海蛇的毒性比它还强。生长在澳洲的艾基特林海蛇为世界十种毒性最烈的动物之一。它们咬人后，会在极短的时间内向人体注射

致死的毒液。这种毒液主要损害人体的随意肌。人被海蛇咬到后，无疼痛感，同时海蛇的毒性发作又有一段潜伏期，有时被海蛇咬伤后30分钟甚至3小时内也不会出现明显的中毒症状。不过被咬伤的人，却会在几小时至几天内死去。"

"啊！"三个孩子都惊叫了起来。

"没想到这么漂亮的动物毒性那么强啊。看来'人不可貌相'说得很对啊。"龙龙说道。

史密斯爷爷说："尽管海蛇的毒性非常大，但它们也是海洋生态系统中不可缺少的组成部分，人类要和它和平共处。"

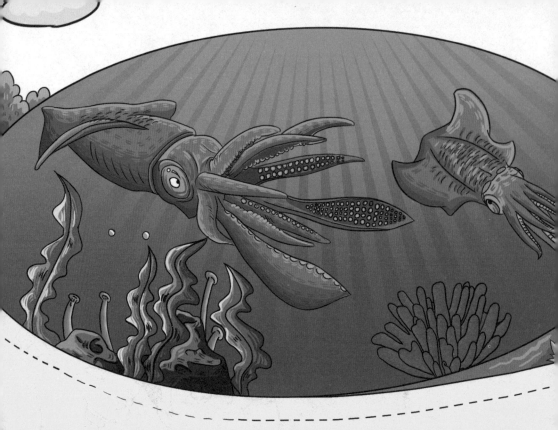

"嗯。"三个孩子都点点头。

天色渐晚，一行四人走在回家路上，决定明天再继续海洋馆之旅。

"真不知道下一个要结识的是什么样的海洋生物。"龙龙、安娜和鲁约克的心中憧憬起来。

【眼镜蛇】

眼镜蛇指眼镜蛇科中的一些蛇类，大部分生活在亚洲、非洲的热带和沙漠地区。眼镜蛇最显著的身体特征是它的颈部，该部位肋骨可以向外膨起，威吓对手。眼镜蛇的颈部扩张时，背部会出现一对美丽的黑白斑，形状似眼镜，眼镜蛇也因此而得名。

第七章

惊险啊！乌贼大战

　　清晨，三个孩子早早就起了床，围在史密斯爷爷的周围不停地问："爷爷，我们今天会见到什么奇特的海洋生物啊？"

　　"我们今天要见的动物具有很强的攻击性，"史密斯爷爷开讲了，"在某些人眼中，这种动物代表着邪恶，这是因为它们的性情非常残暴。我们的下一个目的地是乌贼馆。怎么样，期待吗？"

“出发。”三个孩子一起喊道。

“你们知道，‘乌贼’这个名字是怎么来的吗？”去乌贼馆的路上，龙龙问。

“难道是因为它们浑身都是黑的？”鲁约克试探性地问道。

“乌贼的名字中有一个‘贼’字，我猜是因为它十分奸诈的缘故。”说完，安娜思索起来。

这边，史密斯爷爷频频点头，说：“安娜猜得很对，乌贼确实是一种很奸诈的动物。而它们之所以叫‘乌贼’也并不是因为它们的身体是黑色的。乌贼得名的原因是，它在遭遇威胁时，会向对手喷‘墨水’，混淆对方的视线，它就借着这样的机会逃之夭夭。怎么样，孩子们，乌贼的行为是不是很像贼呢？”

“嗯，的确，”龙龙说道，“看来，‘乌贼’的称呼还真是名符其实呢。”

“其实，乌贼还有很多名字，比如花枝、墨斗鱼、墨鱼等，这些名字都与它的‘喷墨’行为有着密切的关系。”史密斯爷爷补充说道。

“那乌贼除了这一点之外，还有什么奇特之处呢？”鲁约克问道。

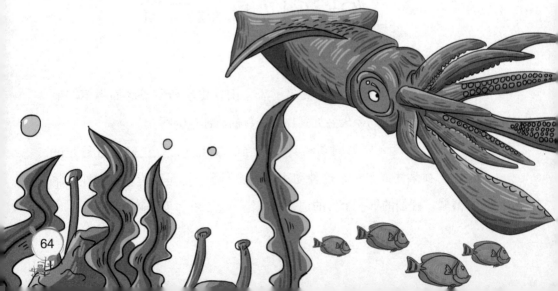

"乌贼的皮肤中有色素小囊，会随'情绪'的变化而改变颜色和大小。"史密斯爷爷回答说。

"好期待它喷墨的样子啊。"鲁约克说。

"我猜应该很精彩吧。"安娜说道。

"我看未必，"龙龙说，"临阵脱逃是一种极其不光彩的行为，我想，乌贼在喷墨的时候一定是趁对手不备，使劲一喷，然后再逃之夭夭。"

几个人的议论还在继续，不知不觉就来到了海洋世界乌贼馆。

进到乌贼馆，他们看到乌贼的样子还是很有特点的。

"你们看，这些奇怪的家伙像什么？"鲁约克问。

"简直就是一个橡皮袋子。"安娜说回答说。

安娜生动的比喻使得其他人哈哈大笑。

只见那些"橡皮袋子"长着石灰质的硬鞘，巨大的"袋子"将它们的身体裹得严严实实的。"袋子"外形修长，在"袋子"下部是一对大大的眼睛，乍一看很让人害怕。"袋子"的两侧长着一对有力的肉鳍。乌贼整体看来是椭圆形的，在巨大"袋子"的一侧长着它的"手"——触须。乌贼的脖子很短，几乎看不到，跟头部以下就是身躯的乌贼很像。这些还

不算，更令孩子们感到吃惊的是，他们居然没有发现乌贼的嘴巴。

乌贼没有嘴巴吗？三个孩子都感到十分好奇，就更加仔细地观察起来。最终发现，原来乌贼不是没有嘴巴，只是它的嘴巴长在了头顶。在乌贼活动时，很难看到它的嘴巴。

"乌贼的嘴巴长在头顶。"，有了这个重大的发现后，三个小朋友对乌贼更有兴趣了。

龙龙问："史密斯爷爷，乌贼的嘴巴怎么长到头上去了啊？"

"呵呵，这个特点是头足类生物所共有的。"史密斯爷爷讲解说，"你们看，乌贼的头顶长了10条腿，其中有8条比较短，内侧长着

吸盘，叫作腕；另外2条较长，可以自如活动，可缩回到两个囊内，称为触腕，只有前端内侧有吸盘。"

史密斯爷爷讲完后，安娜大叫了起来："快看，快看。"

大家一齐看去。

眼前的情景让人感到十分不可思议。他们什么也没看到，因为他们眼前的海水一片漆黑。

正当他们诧异时，黑色渐渐散去了，眼前的水又恢复了原色，而他们却觉得好像少了点什么。少了什么呢？原来，刚才一直在他们周围徘徊的那只大乌贼不见了，它趁人不备，偷偷地"喷墨"之后，逃之夭夭了。

"真是个诡异的家伙。"龙龙说。

"不愧是放烟幕专家。真厉害。"鲁约克感慨道。

史密斯爷爷接着讲道："你们听说过大王乌贼吗？它因是海里最大的软体动物而得名，主要生活在太平洋、大西洋的深海区域。大王乌贼体长20米左右，重达2～3吨，被视为世界上最大的无脊椎动物。它的性情非常凶猛，捕食鱼类和其他无脊椎动物，同时还会与巨鲸搏斗。媒体曾报道过大王乌贼与抹香鲸的搏斗。报道说，有人亲眼看到一只大王乌贼用它粗壮的触手和吸盘，将抹香鲸死死缠住，抹香鲸则使尽浑身解数咬住大王乌贼的尾部。两只巨兽的搏斗，搅得浊浪冲天。虽然这种搏斗多半以抹香鲸获胜结束，但也有过大王乌贼用触手钳住抹香鲸的鼻孔，使抹香鲸窒息而死的情况。"

"哇。乌贼好厉害啊，敢于挑战比自己强的敌人。"龙龙感叹地说。

"对呀，你们也要向乌贼学习。要敢于挑战，只有这样，才能获得锻炼，才能成长。"史密斯爷爷说。

　　从乌贼馆里出来，三个孩子表情明显没有前几次兴奋了，他们在思考着怎样才能像乌贼一样去战胜比自己强的敌人，怎样才能完成看似不可能完成的任务。看着他们，爷爷脸上露出了欣慰的笑容。

第八章

"海中刺客"——海胆

为了舒缓小朋友们的情绪，史密斯爷爷带他们来到了海胆馆，开始了新一轮的探索。进入海胆馆，眼前的景象使他们感到十分奇怪，这也是所有初进海胆馆的小朋友的感受：海胆在哪儿呢？

三个孩子在巨大的水族箱中仔细地找来找去，却没有发现海胆的影子。

"爷爷，海胆在哪儿呢？"三个孩子不约而同地问。

"你们没有看见海胆？"史密斯爷爷说，"海胆就在你们没有注意到的地方，你们再静下心来仔细找找。"

三个小家伙努力地察看硕大的水族箱，还是没有发现。

鲁约克抱怨道："史密斯爷爷，我们仔细看了，水族箱里除了一些长着长长的刺的植物之外，压根没有海胆的影子啊。"

史密斯爷爷听了鲁约克的话，不禁哈哈大笑起来，说道："植物，你确定是植物吗？你再仔细看看，你所说的这些植物正在移动呢。"

三个小家伙又重新观察起那些带刺的"植物"。果然，它们正在一点点移动。

　　"这难道就是海胆？"龙龙问。

　　"对。"史密斯爷爷点了点头。

　　"可是，爷爷，海胆为什么长成这副模样呢？它身上怎么那么多的刺啊，就像刺猬似的。"安娜不解地问。

　　"海胆身上有一层精致的硬壳，壳上布满了许多刺一样的东西，叫棘。这些棘是能动的，它的功能是保持壳的清洁、运动及挖掘沙泥等。"史密斯爷爷回答说。

　　"看来，这些刺就是海胆的'手'呢，不过海胆的'手'还真是奇怪。"说完，鲁约克呵呵笑起来。

"你们看，它就像一个个带刺的紫色仙人球。"龙龙叫道。

史密斯爷爷说："对啊，因此它还有一个雅号——'海中刺客'。渔民常把它称为'海底树球'、'龙宫刺猬'呢。

"海胆的形状有球形、心形和饼形。它生活在地球各大海洋中，其中以印度洋和西太平洋海域的种类最多，从浅水区到7000米的深水中都有分布，它们栖息在水底或泥沙里。"

"看来海胆是一种很常见的动物呀，"安娜说，"不过，它一点都不引人注目。"

"爷爷，这种刺上长着黑白条纹的海胆叫什么名字啊？"原来，龙龙看见不远处有一只大海胆，长得很奇特，所以问史密斯爷爷。

龙龙的问话使得大家都注意到了那只大海胆，于是都凑了过去想看个究竟。史密斯爷爷观察了一会儿，回答说："这是环刺棘海胆。"

数量少
黑白相间的环纹

三个孩子一边观察着眼前的海胆，一边听着史密斯爷爷的介绍。

史密斯爷爷讲解道："环刺棘海胆的数量较少，长有黑白相间的环纹，棘中间是空的，又薄又易碎，末端粗钝不会刺人，不过大棘间布满尖细的红褐色细刺，人被刺会感觉很痛的。"

鲁约克听到这里，点了点头说："看来越美丽的事物就越隐藏着危险。海洋世界是一个神奇的世界，无论是水母还是海胆，都不能被

大棘间
布满尖细红褐色
细刺，刺人很痛

它们美丽的外表欺骗！"

"说得对。"史密斯爷爷说，"在动物界，艳丽的外表往往是危险的信号，是生物们对对手的警告。所以，我们在生物世界探险时一定要注意安全。"

"嗯。"三个孩子都不约而同地点了点头。

"爷爷，"安娜说，"海胆究竟有什么危险呢？你来给我们介绍一下吧。"

"环刺棘海胆生长在南海珊瑚礁间，"史密斯爷爷讲解说，"幼时的环刺海胆刺上有白色、绿色的彩带，可发光，有粗细之分。在细刺的尖端生长着一个倒钩，这个倒钩一旦刺入人体皮肤，毒汁就会注入人体。细刺会折断在皮肉里，引起皮肤局部红肿，造成疼痛感，一些人被刺后，甚至会出现心跳加快、全身痉挛等中毒症状，你们可要

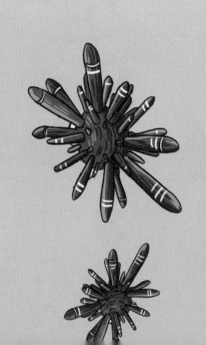

注意了。还记得上次我给你们说过水母也具有毒性吧？"

"嗯，记得，您不是说水母的触角上有很多刺细胞，能分泌毒液吗？"鲁约克抢着说道。

龙龙说道："放心吧，史密斯爷爷，我们都会注意的。"

"海胆还被称为'铁蒺藜'，它因身上的长刺而得名，"史密斯爷爷讲道，"海胆身上的刺对它有着非常重要的意义，海胆主要靠它们防御敌害。而且海胆的棘有长有短，有尖有钝，不同种类，棘的结构也不尽相同。中国海南岛珊瑚礁中盛产一种名叫石笔海胆的海胆，它的形状如盛开的花一般，因为棘甚粗壮，可作烟嘴用，所以又被称为烟嘴海胆。海胆某些种类的棘长可达20多厘米呢。"

倒钩刺入
皮肤引起红肿
出现中毒症状

石笔海胆

"哇……好厉害啊。估计没有动物敢碰它。"安娜惊奇地说道。

"所以，海胆才有'铁蒺藜'的称呼嘛。"龙龙说。

"看来这种浑身长满刺的家伙一定很让人敬而远之，对不对？"鲁约克说道。

"这可不一定哦，"安娜说，"如果海胆生活在沿海的浅水中，那么它们和人类接触的机会还是很多的，况且一旦和渔民遭遇，海胆很有可能成为人类的猎物呢。"

"安娜说对了，"史密斯爷爷饶有兴致地说，"海胆既是人类的敌人，又是人类的猎物。"

"史密斯爷爷，你为什么这么说呢，海胆和人类之间究竟有什么矛盾啊，怎么会成为敌人呢？"龙龙好奇地问。

　　"其实海胆大多分布在海底，栖息于海藻丰富的潮间带以下的海区礁林间或石缝中，在坚硬沙泥质浅海地带也有分布。它有着避光和昼伏夜出的特性。海底的蠕虫、软体动物和其他棘皮动物都是它的食物，而一些草食性的海胆主要以藻类为食。草食性海胆尤其喜爱吃海带、裙带菜以及浮游生物，也吃海草和泥沙。所以海胆对于藻类养殖业而言就是敌人。"史密斯爷爷讲道。

　　"那海胆能吃吗，它是不是很有营养啊？"鲁约克问。

　　"呵呵，海胆可以食用，而且营养丰富，人类对海胆可是情有独钟哦。"史密斯爷爷讲解道，"海胆黄不但味道鲜美，营养价值也很高，100克鲜海胆黄中，蛋白质含量为41克、脂肪含量为32.7克，还含有维生素A、维生素D，以及各种氨基酸、磷、铁、钙等营养成分。但

铁蒺藜是我国古代一种非常原始但却十分有用的武器，主要用于对付骑兵。铁蒺藜是上面长刺的铁疙瘩。在古代作战时，这种铁疙瘩常常被扔得满地都是，这样，等敌人的骑兵冲击时，马匹会因为踩到这些铁蒺藜而感到脚掌疼痛，进而受惊，有的还会把背上的士兵摔下来。这样，就会使敌方出现混乱，无法实施有效的攻击。

是，不是所有的海胆都可以吃，有些种类是有毒的。有毒海胆要比无毒的海胆漂亮得多，就比如咱们刚才看见的环刺棘海胆。此外，海胆还具有较广泛的药用功能。它的壳入药后，药材名也叫'海胆'。"史密斯爷爷说道。

在海胆馆，四个人品尝了美味的海胆才离开前往下一站。

第九章
石鱼可不好惹

史密斯爷爷和三个小朋友朝石鱼馆走去。

经过前几日的探险，大家对海洋生物世界感到非常好奇。对接下来要接触到的海洋生物，他们更是充满期待。

"接下来我们要看到什么奇特的海洋生物呢？"路上，龙龙问道。

药用功能

"石鱼，你们听过吗？"史密斯爷爷问。

"没有，"安娜答道，"这个名字好奇怪啊，是一种鱼吗？为什么它会被叫作石鱼呢？"

"石鱼是一个统称，指的是少数几种有毒海生鱼类。它行动迟缓，慢吞吞的，在平时根本看不到它移动。它一动不动地待着，就像石头一样。"史密斯爷爷回答道。

"它一动不动的话，怎样吃东西啊？"鲁约克好奇地问。

"它的捕食方式就是'守株待兔'，"史密斯爷爷答道，"有很多动物都是用这种方式捕食的，它们的共同特点就是善于伪装。它们体表的颜色和身体的外形常和周围的环境融为一体，经过的其他动物根本就发现不了它们。而当有它们喜欢吃的小动物经过时，它们就会突然出击，瞬间捕获猎物。"

　　"那我们马上去看看吧。"鲁约克说。

　　"我觉得我们见到石鱼的景象一定十分诡异，"龙龙说，"你想想看，我们原来以为面前什么都没有，只有一堆石头，可突然这堆石头却活了起来，变成十分丑陋的鱼向你扑来，那种感觉是不是特别恐怖？"

　　"还真是，"安娜说，"石鱼实在是太奇怪了，我想，它的脾气一定也不太好。"

　　史密斯爷爷回答说："石鱼非常易怒，愤怒中的石鱼非常恐怖。

它多生活在岩礁、珊瑚间以及泥底或河口。"

听到这里，龙龙突然想到一个很重要的问题，便问道："史密斯爷爷，难道石鱼也是用毒液来捕食的吗？"

"没错，"史密斯爷爷说，"海洋中的动物很多都是有毒的，靠毒液捕食，也用毒液防御。"

"我觉得靠毒液捕食的动物都是一些很懒惰的家伙，"安娜说，"这些家伙不像其他生物为了捕食而四处奔忙，它们只会懒懒地待着，在想吃东西时，就利用自己的毒液把猎物置于死地，真是不劳而获。"

"哈哈，哈哈，"听了安娜的话，史密斯爷爷忍不住大笑起来，"你说的也有一定道理，不过，每种生物都有它们独特的生存方式，

这都是在漫长的进化过程中形成的，没有高低优劣之分。安娜，你想一想，这些你认为不劳而获的动物，它们整天独自隐藏在一个地方，结果只等到了一只小鱼填肚子，这是不是也很辛苦呢？"

想了一会儿，安娜说道："嗯，还真是。"

"史密斯爷爷，你说石鱼容易发怒，那它是怎么个发怒法呢？"龙龙问。

史密斯爷爷回答说："其他动物一不小心就会惹怒石鱼，别的动物要是碰到它，它就会用背上的棘刺展开抵御。石鱼释放出来的毒液，能够导致目标暂时瘫痪，若不治疗就会一命呜呼。"

"咱们赶紧进去看一看它的真面目吧。"龙龙急切地说。

于是，他们四个人继续往前走。

不一会儿，他们就来到了一块巨大的告示牌前，上面写着对石鱼的介绍。告示牌的后面是一个巨大的水族箱，里面有几只巨大的石鱼。四个人都向石鱼投去好奇的目光。

不过，当他们看清石鱼的面目时，都被它那丑陋的样子吓了一大跳。

"好丑啊，石鱼的样子好丑啊。史密斯爷爷，我还从来没见过这么丑的鱼呢。"鲁约克第一个开口说道。

龙龙和安娜也同时点了点头。

不过，它还真是伪装高手呢，简直和周围的沙土融为一体了！要

不是有告示牌，谁知道它是一只能活动的鱼呢？

"史密斯爷爷，你看，有鲨鱼来了。"鲁约克说。

只见一条体形略小的鲨鱼在慢慢地接近石鱼，石鱼仍旧一动不动，安静地伏在珊瑚丛里。突然，小鲨鱼加快速度，朝着石鱼的方向游来，同时张开了嘴，锋利的牙齿着实把龙龙他们吓到了。

"史密斯爷爷，石鱼有危险了，怎么办啊？"安娜大声地叫道。

"别急，咱们再看看。"史密斯爷爷淡定地说。

果然，事情的发展并不像安娜想的那样。遭遇危险的石鱼不慌不忙地应战了，它把背鳍张开，露出棘刺。小鲨鱼看到后，似乎有些胆怯，犹豫了一下，就游走了。

刚松了口气，四个人的心马上又提到了嗓子眼——本以为这场战争就这样无声无息地结束了，但是石鱼愤怒地朝小鲨鱼逃跑的方向追去。这让三个孩子感到十分震惊。小鲨鱼受到石鱼的追击，立即朝着更宽阔的地方游去，石鱼又继续追了很远，才停止。可以说，小鲨鱼是落荒而逃的。

"幸亏小鲨鱼跑得快，不然就惨了。"史密斯爷爷说。

"看来，石鱼的脾气真的不好。"鲁约克说道。

"石鱼虽然长得丑，可是很美味的食材哦。在中国的辽宁、陕西、庐山都可以吃到美味的石鱼炒蛋呢。"史密斯爷爷补充说。

看完这惊心动魄的一幕，爷爷带着他们走出了海洋馆，转眼已是中午了，吃过饭，他们又要开始下一段旅程。

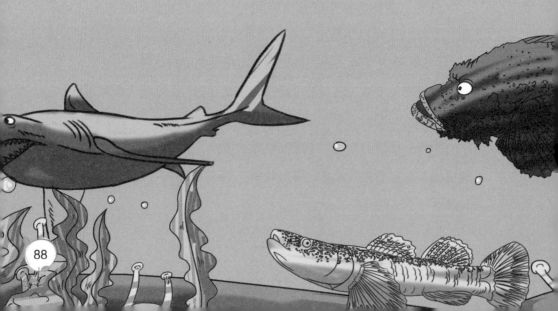

【动物的伪装术】

很多动物都是伪装大师，伪装技巧令人叹为观止。善于伪装的动物往往有着独特的体色和形态。它们独特的体色可以使它们和周围的环境完美融合，不仔细看根本看不出来。有的动物长得像树枝，趴在树枝上很难被发觉；有的动物长得像树叶，附在枝头也很难被发现。善于伪装的动物还有敏捷的身手。它们要在猎物没有防备时，一招制胜，以极快的速度猎获猎物，否则，猎物就会逃脱。

第十章
漂亮的蓑鲉很危险

新的旅程又开始了。

"我觉得海底动物的脾气都非常奇怪，"安娜说，"它们动不动就发脾气，一发脾气就很吓人。"

"是啊，"龙龙说，"你看，鲨鱼、石鱼和海胆，哪一个是好惹的？"

"我觉得我们马上要见到的动物也一定非常可怕。"鲁约克猜测说。

　　史密斯爷爷开口说道："呵呵，我们见到的动物都是海洋世界里鼎鼎有名的，它们名气的由来，我想也与它们的怪脾气有很大关系。不过，你们要知道，海洋世界的物种成千上万，甚至还有很多是不为人所知的，我们所见到的动物只是海洋物种家族中极小的一部分。"

　　"史密斯爷爷，"鲁约克问，"我们接下来要见的动物是不是也是十分有个性的呢？"

　　"那当然了，"史密斯爷爷笑着说，"接下来我们要见到的动物叫蓑鲉，告诉你们，它跟我们以前见到的海胆、鲨鱼一样，也有着一副坏脾气。前几次看蓑鲉，发生了很多惊险刺激的故事，今天不知道又会发生什么精彩的趣事呢，让我们赶快去看一看吧！"

"嗯。""嗯。""嗯。"三个小朋友应道。

四个人加快了脚步。

不一会儿，他们就来到了蓑鲉馆。刚一进门，他们就被眼前的蓑鲉深深地吸引住了，三个小朋友一边看蓑鲉，一边听史密斯爷爷讲："你们知道吗，蓑鲉，又被称作狮子鱼，它多产于温带靠海岸的岩礁或珊瑚礁内。你们看，它的身体较长，头有点扁，嘴巴又长又扁，背部中间

凸起，眼睛不大也不小，而且啊，蓑鲉上颚没牙齿的。"

史密斯爷爷一边说，一边指着面前的蓑鲉让三个孩子看。

三个孩子都目不转睛地盯着眼前的蓑鲉。只见蓑鲉们悠然自得地游来游去，对他们的到来完全视而不见。蓑鲉向前游走的速度不算快，姿态悠闲优雅，像彬彬有礼的绅士在散步。它们一边往前游着，一边不断挥舞着背上的鳍，看起来很威武。

在蓑鲉的身上密布着色彩斑斓的刺，这些刺对蓑鲉来说可是必不可少的。修长的刺在蓑鲉身上四散开来，远远望去，就像一朵盛开的鲜花。从正面看蓑鲉，它那小小的身体在正中间，很长的彩刺伸向四周，就像是蓑鲉的羽翼一般。

迎面游来的蓑鲉看上去又像是一架直升机。蓑鲉成群结队地游来游

去，把原来色彩单调的海水点缀得色彩斑斓，十分美丽。三个孩子仔细地观察着蓑鲉，他们发现在蓑鲉周围很少有其他的小动物出现，三个孩子都对这一现象感到十分好奇。

　　"蓑鲉的色彩那么丰富，那么惹眼，相信它们会被很多猎食者看到，那它们怎样保护自己呢，爷爷？"安娜好奇地问道。

　　"蓑鲉保护自己最常用的，也是最主要的方法，就是隐蔽和伪装。"史密斯爷爷回答说。

　　"怎么可能，"只听龙龙质疑道，"蓑鲉的色彩那么艳丽，在沙地上一眼就能看到，它怎么隐蔽呢？"

　　"可是蓑鲉并不是生活在沙地上的啊，"史密斯爷爷说，"大多数蓑鲉都生活在珊瑚礁内。珊瑚礁本身就有着鲜艳无比的色彩，而同样色彩斑斓的蓑鲉，是非常容易和珊瑚礁融为一体的。况且，和其他很多动物一样，蓑鲉也是采用'守株待兔'的方式进行捕食，它通常隐藏在

珊瑚礁的缝隙中，静静地等待猎物到来，然后再突然出击。因此，很多珊瑚礁中都隐藏着数量众多的蓑鲉。"

"我还有疑问，"安娜说，"海底世界的情况那么复杂，仅仅通过隐蔽，蓑鲉就能躲避侵害吗？"

"当然不是了，"史密斯爷爷回答道，"仅仅隐蔽是无济于事的，虽然蓑鲉要借助珊瑚来隐藏自己，但当危险真正到来时，它也有自己的应对方法。当危险来临时，蓑鲉会尽量张开那长长的鳍条，使自己显得很大，同时鲜艳的颜色也在告诫对方'不要碰我，我是有毒的'。"

"照这么说，蓑鲉也是十分可怜了。"鲁约克突然说道，"如果仅仅只是警告，那说明蓑鲉不算是有攻击性的动物嘛。"

"你要是这样想，那就完全错了，"史密斯爷爷说，"蓑鲉是十分自负的，正因为这样，它经常会去纠缠一些大鱼，和大鱼慢慢地周

旋。它全身的鳍收放自如，时而展开时而收回，常常把大鱼弄得手足无措，即使大鱼把它吞进嘴里了，也会因为它全身的鳍条而不能下咽，如果再吐出来的话，就会被身上的鳍刺伤，中毒身亡。所以一般情况下，大鱼也不会主动攻击它。"

正说着，他们就看到有一只蓑鲉正慢慢游向一条大鱼。大鱼转身走掉，根本不想理它，而蓑鲉却在它后面步步紧逼，一副非要追上的架势。大鱼无可奈何，只好默默忍受蓑鲉的"侮辱"。看着蓑鲉那狂妄得不可一世的表情，四个人都感到很滑稽。过了一会儿，蓑鲉似乎玩够了，收敛了浑身的刺，扬长而去。

"可真是咄咄逼人啊！"鲁约克感慨道。

"呵呵，形容得很贴切嘛。"龙龙笑着说。

史密斯爷爷和安娜也跟着笑起来。安静的水族馆里变得热闹起来，仿佛连鱼儿也更欢快了。

第十一章

"海底幽灵"——刺鳐

"昨天见到了蓑鲉，我们今天会见到什么呢？"安娜问。

"海底世界那么神奇，里面的动物肯定都是千奇百怪的，我们接下来要见到的动物还真没法预见呢。"鲁约克说道。

"是啊，"龙龙认同道，"海底世界那么千奇百怪，我们可能会遇见美丽异常的动物，也可能会遇见奇丑无比的动物，还真是无法预料呢。"

"好了，我们不要在这儿猜测了，"安娜说，"还是让爷爷给我们揭晓答案吧。"

史密斯爷爷并没有直接回答孩子们的提问，而是提了一个问题："孩子们，你们见过蝙蝠没有？"

"见过。"三个孩子不假思索地回答。

"如果说海里也有'蝙蝠'，它们伸展着巨大的'翅膀'，在幽暗的海水里像幽灵一样，你们信不信？"史密斯爷爷问道。

"不信。"三个小朋友异口同声地回答。

"呵呵，我刚刚描述的就是在大海中真实存在的一种生物，它叫刺鳐。"史密斯爷爷说。

　　"它真的和蝙蝠长得很像吗？"龙龙问道。

　　"呵呵，一点都不像。"史密斯爷爷笑着回答说。

　　"那你怎么说它像蝙蝠呢？"龙龙追问道。

　　"刺鳐身体扁平，尾巴细长。这个样子跟你们见过的蝙蝠一定不一样吧？"史密斯爷爷问。

　　"嗯。"三个孩子都点点头。

　　史密斯爷爷继续讲道："但刺鳐和蝙蝠的性情很相似，它成群结队在蔚蓝的海水里活动，样子很像行踪诡秘的蝙蝠呢。它和海洋中其他很多有毒的动物一样，都是以毒性强而闻名的，它也是利用毒液来进行捕食和防御的。

　　"刺鳐的尾巴上长着一条或几条边缘有锯齿的毒刺。它虽也是很危险的鱼类，却很少发生刺死人的事件。现在爷爷休息一下，让导游哥哥给你们讲一下刺鳐的故事。"

"孩子们好，你们可以叫我巴鲁克哥哥，今天就由我来领着你们参观'海底幽灵'——刺鳐。"巴鲁克哥哥说。

"巴鲁克哥哥好，我叫鲁约克。""我叫龙龙。"两个男孩子兴奋地自我介绍着。

"嗯……巴鲁克哥哥好，我叫安娜。"安娜也笑着说。

"巴鲁克哥哥，可以去看了吗？我们已经迫不及待地想看看刺鳐的真面目了。"龙龙急切地说。

"呵呵，往前走，穿过这条走廊就到了。"巴鲁克哥哥说。

于是，四个人便跟着巴鲁克哥哥一起去看刺鳐。一边走，巴鲁克哥哥一边向他们讲解刺鳐。

巴鲁克哥哥讲道："刺鳐俗称'黄貂鱼'，单从名字上我们就不

难猜测，它是一种非常危险的动物。"

巴鲁克哥哥指着眼前的刺鳐，继续介绍说："你们看，它的尾巴末端有一根长约20厘米的刺，这根刺是有毒的。构成毒刺的物质和构成鲨鱼鳞片的物质是相同的。在意识到自身有危险时，刺鳐锯齿状的毒刺就会变硬，犹如一把锋利的尖刀，这些毒刺可释放毒液，能够造成捕食者的致命伤。不过，刺鳐通常情况下不攻击人类。"

眼前这条奇怪的鱼类，身体又薄又大活像一个扁平的大盘子；身后长着一条又细又长的尾巴，尾巴上分布着密密麻麻的毒刺；扁平的身体，长长的尾巴，一般情况下都是保持不动的，只在紧急时刻才会动起来。此时，一只只刺鳐依次摇摆着扁平的身体从水里漂浮起来，集体出动的场景很壮观。

"爷爷，"安娜问，"这些刺鳐的眼睛和嘴巴在哪儿呀？"

"就在它那扁平状的身子上呀。"史密斯爷爷回答道，"你要仔细观察啊。"

果然，安娜在这些"风筝"硕大的身体上发现了一对小小的眼睛和一个小小的鼻子。

安娜感慨道："原来这些家伙的眼睛和鼻子那么小啊，小得几乎看不到。如果忽略了眼睛和鼻子，还以为它们就是一只风筝呢。"

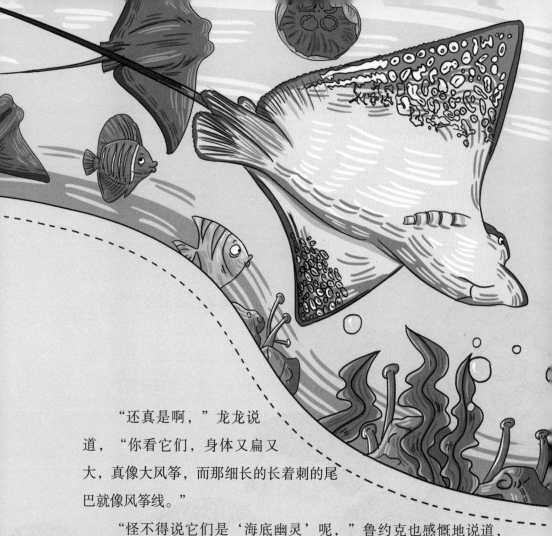

　　"还真是啊，"龙龙说道，"你看它们，身体又扁又大，真像大风筝，而那细长的长着刺的尾巴就像风筝线。"

　　"怪不得说它们是'海底幽灵'呢，"鲁约克也感慨地说道，"这些看不到眼睛和鼻子的家伙，成群结队地一起出动，真的很像漫天飞舞的幽灵呢。"

　　"史密斯爷爷，难道所有的刺鳐都是这副模样吗？有没有不一样的呀？"龙龙问。

　　"龙龙的问题提得非常好，"史密斯爷爷讲道，"刺鳐有短尾刺鳐和蓝点刺鳐两种，短尾刺鳐的尾巴较短，故而得名；蓝点刺鳐，顾名思义，就是身上有蓝色斑点的刺鳐。"

　　"爷爷，"安娜又问道，"刚才巴鲁克哥哥说刺鳐一般不攻击人类，这是不是说，人类就可以随意地接触它呢？"

"绝对不可以，"史密斯爷爷严肃地说，"有时，刺鳐还是很危险的。据记载，刺鳐是目前所知体型最大的有毒鱼类，尾部长可达37厘米呢，一旦被它的尾巴刺入胸腔，人就会有生命危险。"

　　"天哪，实在是太可怕了。"鲁约克说。

　　"虽然刺鳐的毒性很大，但只要多加注意，还是可控的。"巴鲁克哥哥说。

　　"真的吗？"三个孩子都瞪大了眼睛。

　　"真的。"巴鲁克哥哥回答说。

　　三个孩子又一起望向史密斯爷爷，史密斯爷爷点点头。

　　认识完海底幽灵，孩子们和史密斯爷爷又向下一个目的地进发了。

【蝙蝠】

蝙蝠是翼手目动物的总称，在哺乳动物中翼手目是仅次于啮齿目的第二大类群。蝙蝠几乎分布在除南北极及一些边远的海洋小岛屿外的世界各地，在热带和亚热带最多见。它的前臂已经退化，成为修长的"翅膀"——虽然蝙蝠的上肢非常像鸟类的翅膀，但却和鸟类的有着明显的不同。鸟类的翅膀被羽毛覆盖，而蝙蝠的"翅膀"则是一层肉膜。几乎所有的蝙蝠都是昼伏夜出。它们在黄昏时分出动，靠发射并接收反射回来的超声波捕食和确定方向。由于昼伏夜出的蝙蝠行踪非常诡异，在西方文化里，蝙蝠被认为是幽灵的象征。而在中国文化里，蝙蝠的"蝠"与幸福的"福"同音，因此被看作吉利的象征。在古代皇帝的龙袍上，就刺有蝙蝠的图案，取其吉利之意。

第十二章

在珊瑚礁迷路了！

这天晚上，三个孩子聚在一起阅读童话，觉得童话中珊瑚礁的场景十分有趣，便讨论起来。后来，史密斯爷爷也加入了讨论。

"珊瑚礁，这个名字我也听到过，"安娜说，"我知道那里有很多的珊瑚，可是，在我的印象里，好像那里并不像童话故事里说的那么美妙呀。"

"你又没有去过，怎么知道是什么样的？"龙龙说。

"对，百闻不如一见嘛，只有书本认识是不能感受到世界的奇妙的，只有亲身经历之后才知道。"鲁约克说。

"可是，书里说的五颜六色的树木是怎么回事呢？"安娜问。

"珊瑚虫在生长的过程中会分泌碳酸钙，碳酸钙会在珊瑚虫的身体外面形成树枝一样的外壳，这就是珊瑚树。"史密斯爷爷讲道，"珊瑚树千姿百态，十分好看。市场上能看到的白色珊瑚树是里面的珊瑚虫死亡形成的。在海底，凡是有珊瑚虫存活的地方，就会有各种各样色彩斑斓的珊瑚树。"

"好吧，我也想看看海底的童话世界呢。"安娜说。

"明天我们就出发。"史密斯爷爷说。

第二天，四个人都早早起床，带上准备好的潜水服，就乘坐小船出发了。史密斯爷爷发动引擎，小船就像离弦的箭一样朝大海的深处驶去。

小船行驶大约十几分钟后，停了下来。之后，史密斯爷爷向三个孩子交代了需要注意的事项。

"你们一定要紧紧跟着我，一般来说，小孩子是不允许潜水的，但因为咱们采取了严格的安全措施，今天就破例一次。"史密斯爷爷再次嘱咐道。

四个人换好潜水衣，又做了必要的准备工作后，随着史密斯爷爷的一声令下，四个人先后跳下了水。他们看到身边不断有鱼儿经过，这些鱼身上的颜色都很艳丽，看上去非常鲜艳夺目。刚开始的时候，从他们身边经过的鱼儿还很少，后来越来越多，令人眼花缭乱，应接不暇。

史密斯爷爷用手势示意三个孩子不要只顾着赏鱼，更不能追逐鱼群，以免掉队。三个孩子明白了史密斯爷爷的意思，都紧紧跟在他身后。

这时，在他们的眼前出现了一株奇特的"树"。说是树吧，却又不像是树，只是远远地看上去有树的形态而已，一旦游近了，就发现它的"树叶"和平时见到的大不一样。眼前的"树"每一片"叶子"都像胡须那样，从中心四散开去，与"枝干"融为一体，样子很奇特。而且，这些像胡须一样的"叶子"是不能动的，不像陆地上树叶可以在枝头摇摆。更让人惊讶的是，这株"树"是蓝色的，"树叶"的颜色较浅，"枝干"的颜色较深。脉络清晰，主次分明，看上去又像一把展开的蓝色扇子。

　　在欣赏蓝色珊瑚的时候，周围游动的鱼群也吸引了他们的注意力。这些鱼有大有小，形态不一，但都非常漂亮。凡是能想象出来的色彩，在这儿都能看见。鱼儿身上布满了色彩斑斓的斑纹。

　　眼前似乎正在进行一场"鱼儿时装展"，鱼儿

展现出的时装光彩夺目，令人惊叹，再有才华的人类设计师也无法设计出如此出色的服装。

三个孩子看呆了，想游近去看得更仔细。于是，他们奋力向前游。可未料到，这些鱼儿有警戒的本能，当他们靠近时，鱼儿们就一下子钻入密密麻麻的珊瑚礁中消失不见了。

这时，他们才注意到脚下的珊瑚礁，众多珊瑚礁堆积在一起，景象十分壮观。珊瑚礁密集的地方就形成了"山峰"，稀疏的地方就形成了"峡谷"，一座座"山峰"连接起来，形成长长的"山岭"绵延开来，足有几百米长。

四个人沿着"山岭"继续向前游着，发现密集的珊瑚礁之中居然还有山洞。山洞是很多鱼儿的栖息地，不时有鱼儿进进出出，一片繁忙景象。

三个孩子都想进"山洞"探险，但他们想起了出发前史密斯爷爷的告诫："千万不能独自离开队伍，四处乱跑。氧气瓶中氧气的储量是有限的，一旦氧气耗尽，又无法上岸，就有生命危险。很难预料珊瑚礁中的洞穴里的情况是什么样的，一味探洞很耽误时间，加重氧气

瓶中的氧气消耗。"

　　于是，他们克制住冲动，跟着史密斯爷爷继续向前游。

　　游着游着，他们发现珊瑚礁真是海底生物的大家园，众多的物种都在这里展示着它们的风姿。有的优哉游哉，很是闲散；有的全神戒备，做好了攻击或逃跑的准备；有的一动不动地静候着；有的四处游走，左看右看；有的摇头晃脑，像是在跳舞；还有的像是很害羞，只一瞬就从他们眼前迅速地避开了……这些形态各异的动物让三个孩子感到十分奇妙。

　　这时，史密斯爷爷向他们打着手势，示意他们赶紧往回走。怎么了？原来，史密斯爷爷意识到氧气储备已经不多了，如果现在不回去的话就会有危险。

　　尽管十分不舍，但他们还是开始返回。四个人顺着来路往回游，游了很久还没找到来的地方。难道迷路了吗？三个孩子都有点惊慌，史密斯爷爷示意他们要沉着冷静。

　　经过一番努力，四个人最终安全上了船。说起刚才的经历，大家都十分激动。一面对珊瑚礁的美丽感到十分惊奇，一面又对刚才的迷路感到后怕。孩子们认识到安全是第一位的，无论何时都要保护好自己。

第十三章

"海底闪电"——电鳐

阴云密布，电闪雷鸣，今天的海底探险计划不得不推迟了。

"真遗憾，"鲁约克抱怨说，"海底世界多么奇妙呀，真希望早点放晴，我们就可以再去探险了"

　　"虽然海面上波涛汹涌，但海底却非常安静。"安娜说道。

　　"几百米深的水下根本就不会受到海面上波浪的影响，那里是一个完全不同的世界。"龙龙也说。

　　"那深海底下非常黑暗，对不对？"鲁约克问道。

　　"海底是非常黑暗的，就算把人类的照明设备拿到水底，作用也十分有限。"史密斯爷爷说。

　　"那海底的动物怎么辨别方向呢？"龙龙问，"在黑暗中生活是不是很可怕？"

　　"对呀，海底动物又不能发电照明？"鲁约克也充满了疑问。

　　"在水里的生物也能放电，尽管它们放出的电不能像人类制造的电一样可以用来照明，但用来捕食还是可以的。"史密斯爷爷说。

　　"是真的吗？"鲁约克张大了嘴巴问道。

　　"有一种可放电的动物叫电鳗，"史密斯爷爷讲道，"它生活在很深的海底，身体可以放出巨大的电流。"

"太神奇了，等天晴了，我还真想去海底看看它长什么样的。"鲁约克兴奋地说。

　　"这种动物会放电，接触它会不会很危险啊？"安娜担心地问道。

　　"呵呵，"史密斯爷爷回答说，"跟它们保持一定距离，这样就不会有太大的危险了。"

　　暴风雨过后，天边挂起了一道彩虹。阳光照在海面上，波光粼粼，祥和美丽。四个人看着雨过天晴的美景，感到十分惬意。

"孩子们，现在我们可以去海底探险了，相信海底的世界比我们现在看到的更美。"史密斯爷爷笑着说。

　　三个孩子听了史密斯爷爷的话都很高兴，赶紧去准备潜水服和氧气瓶，然后把这些东西搬到小船上。

　　开船了，史密斯爷爷驾驶小船迅速向大海深处驶去，船后溅起了洁白的水浪。

　　渐渐地，小船离陆地越来越远，周围只剩下无边无际的蔚蓝色海水。

　　这时，史密斯爷爷讲道："孩子们，准备好了吗？我们现在就要去认识放电的电鳐了。"

"准备好了。"三个孩子异口同声地回答道。

三个孩子已经穿好了潜水服，史密斯爷爷一声令下，他们便"扑通，扑通"跳进了海中。

大海十分平静，阳光照射在水面上，闪耀在他们的头顶。三个孩子潜游下去，下面的大海深不见底。尽管往下越来越黑暗，但三个孩子一点都不害怕，因为他们坚信，神奇而美妙的海底世界一定会给他们带来惊喜。

一团团朦胧的黑影出现在他们四周，三个孩子开始感到有些害怕，迟疑起来，不敢再往前游。

史密斯爷爷示意他们继续向前。随着他们不断接近，黑影慢慢散开了，他们这才看

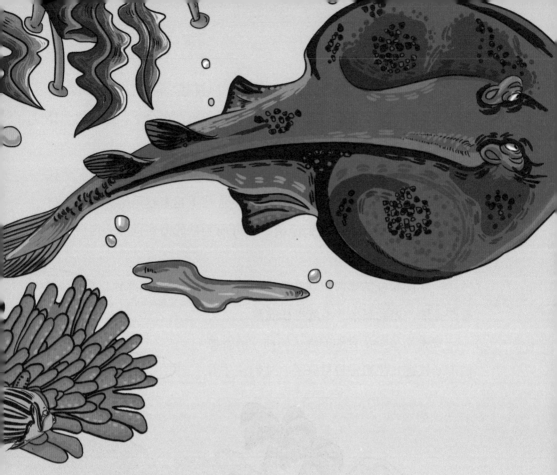

　　明白，原来这团黑影是鱼群。在大海中，很多小鱼往往成群结队生活在一起，成千上万只小鱼一起行动，那种景象看起来还真壮观呢。

　　随后，四个人到达了一处海底沙滩。在沙滩的远处，矗立着几株巨大的珊瑚，有许多好看的鱼类在自由自在地游动着。史密斯爷爷告诉大家在沙滩上注意观察，因为电鳐就在附近。

　　突然，海水中出现了一个摇摆碟状的巨大身影，那个奇怪的生物似乎身体很软，在海水里不停地随着水流摇摆、扭动着，就像随风飘逸的裙摆。它的移动速度不算很快，但姿势很优美。子看到史密斯爷爷兴奋地做手势示意，三个孩子都明白了，原来这就是电鳐。

　　三个孩子跟随电鳐的身影慢慢向前移动，史密斯爷爷示意他们

千万不要轻举妄动。只见这个大家伙游了没多久，就慢慢地降落在沙地上，然后就待在那里一动不动，很快就与黄褐色的沙粒融为一体，不仔细是看不出来的。

看到这一幕，四个人都屏住了呼吸，电鳐还真会伪装呢。它故意

趴在沙地上安静地待着，为的是不被发现，等到鱼虾经过这里时发动突然袭击，在一瞬间放射出巨大的电流，把猎物击昏，然后将猎物一口吞下，美美地饱餐一顿。

这时，一条鱼游了过来，它的色彩非常艳丽，因而十分显眼。它无忧无虑地来到了电鳐的领地，丝毫没察觉到危险就在眼前。突然，原本清澈的海水里冒出了一道犀利的闪电，沙地里卷起一阵浑水，冒出一个东西来。

稍后，一切又归于平静，这时大家才发现，刚才那只美丽的鱼儿不见了，只巨大的电鳐慢慢地在水中浮起，摇头晃脑的显得十分得意。它嘴巴一张一合，美丽的鱼儿已经成了它的腹中之物。

刚才电鳐捕食时的动静让周围所有的鱼都受惊了，纷纷四散逃

离。吃饱的电鳐仿佛也意识到其他的猎物都被吓跑了，于是不再停留，慢悠悠地向大海的深处游去。

电鳐游走后很久，史密斯爷爷才带他们返回小船。想到刚才那幕神奇的景象，他们依旧对电鳐发出的那道闪电感到惊诧不已。

"电鳐身上又没有电线，那电流是怎么传递的呢？"安娜问。

【生物电】

生物电是指在生命活动过程中，生物体内产生的各种电位或电流，是生物界一种十分普遍的现象。在每个生物体的生命活动中，都能产生生物电。生物电的存在是生物高级神经活动的标志。生物体内的电位变化主要存在于神经系统内，主要是进行信息传递的。具体来讲，生物电包括细胞膜电位、动作电位、心电、脑电等。

史密斯爷爷解释说："电鳐的背部和腹部是不同的电极，电流从背部的正极发出，经由海水充当导体，传递到腹部的负极，这样就形成了一个闭合电路，电流就能传递了。另外，电鳐不仅能随意放电，而且能够自主掌握放电的时间和强度。"

认识到回到陆地，孩子们都对这次的海洋世界探险感到意犹未尽，丰富的海洋世界还有更多秘密等着他们去发现呢。